书本里的大自然

雨林交响曲

宋璐璐 编著
关秀清 审定

U0386432

電子工業出版社
Publishing House of Electronics Industry
北京・BEIJING

图书在版编目（CIP）数据

雨林交响曲 / 宋璐璐编著 . —北京 : 电子工业出版社 , 2014.6
（书本里的大自然）
ISBN 978-7-121-22863-6

Ⅰ . ①雨… Ⅱ . ①宋… Ⅲ . ①雨林—少儿读物 Ⅳ . ① S718.54-49

中国版本图书馆 CIP 数据核字 (2014) 第 066394 号

策划编辑：何　况
责任编辑：何　况
印　　刷：北京千鹤印刷有限公司
装　　订：北京千鹤印刷有限公司
出版发行：电子工业出版社
　　　　　北京市海淀区万寿路 173 信箱　邮编　100036
开　　本：720×1000　1/16　印张：8　字数：102.4 千字
版　　次：2014 年 6 月第 1 版
印　　次：2014 年 6 月第 1 次印刷
定　　价：29.80 元

凡所购买电子工业出版社图书有缺损问题，请向购买书店调换。若书店售缺，请与本社发行部联系，联系及邮购电话：（010）88254888。

质量投诉请发邮件至 zlts@phei.com.cn，盗版侵权举报请发邮件至 dbqq@phei.com.cn。

服务热线：（010）88258888。

前言

　　雨林中的天气预报几乎每天都是一样的：白天最高气温 30℃，夜间最低气温 22℃，空气湿度最小为 80%；上午基本上都是多云，而下午大雨的几率几乎达到 99%。这究竟是什么原因呢?

　　赤道地区一年四季受到太阳的直射，所以气温非常高。湿润的空气上升，在上升的过程中不断降温，最终变成雨滴降落到地面上。热带雨林就像一块巨大的海绵一样吸食着雨水，之后又通过叶片将其蒸发出去。正是因为这种循环，才让雨林每天都在下雨。热带雨林地区甚至能够形成自己独有的云团，这些云团飘到其他地区，还会为更远的地方带来降雨。

　　雨林地区因为环境独特，千百年来一直很少有人类踏足，直到欧洲人的到来。虽然欧洲没有热带雨林，但是欧洲人却最早开始了对热带雨林的探险。16 ~ 17 世纪，从没见过热带雨林的欧洲人来到热带，他们被这里潮湿闷热、遮天蔽日、神秘恐惧的原始森林震撼了。或许正是因为它生态环境的相对完整，所以在雨林深处还生存着许多我们闻所未闻、见所未见的奇怪动植物。

　　这里有世界上最美丽的青蛙——箭毒蛙，灵长类中的战神黑猩猩，动物界的"口技"大师琴鸟，散发着恶臭的大王花等许多神奇又有趣的精灵。正是因为它们的存在，才为雨林增添了一丝凉爽和快乐。

　　可是，自 21 世纪以来，人类进出雨林的脚步越发频繁起来，在这里大肆破坏，焚烧、砍伐、开地、种植……一系列的破坏行为让原本完整的雨林变得七零八碎、面目全非。雨林中时常燃烧着熊熊火焰，雨林上空更是浓烟滚滚，动物在火与烟的世界中跟跄地走着，终于支撑不住倒在地上，只留下一堆白骨，而那些侥幸生存下来的动物们也在饥饿中慢慢地闭上了眼睛……这样的画面简直太恐怖了。

　　是的，雨林快要窒息了，它们用自己最后的力气向世界呼喊出自己的愿望：我在等待拯救。我们怀着这样的初衷，编写了这样一套以"关爱世界、保护环境"为主题的系列图书。这本《雨林交响曲》给读者讲述了热带雨林中的生物各种奇异的生活方式、热带雨林面临的危机、热带雨林存在的重要性以及它们对于人类和未来的意义。还犹豫什么，请跟随我们的脚步一同进入迷人的热带雨林吧！

目录

多才多艺的热带雨林

大自然的馈赠——热带雨林

地球上的三大雨林区

地球上热带区域广阔，雨林主要分布在这些地区，它的出现让湿热的大地多了一分生机。世界上共有三大雨林区，最大的是南美洲的亚马孙河流域的热带雨林区，面积约为 40000 平方千米，大约占全球热带雨林总面积的一半；位居第二位的是亚洲雨林区，面积大约为 20000 平方千米；第三大雨林区就是非洲刚果盆地雨林，面积大约为 18000 平方千米。形成雨林区最主要的条件就是要具备雨林气候，否则无论是雨林的动物还是植物，都很难安居乐业。

1

中国的**热带**雨林

　　中国也有很多的热带雨林，主要分布在云南南部河口、海南、台湾南部和西双版纳等地。此外，在西藏自治区境内的墨脱县也分布着小面积的热带雨林。这应该算是世界热带雨林分布区的最北部边界了。

你不知道的雨林生存秘籍

　　热带雨林最大的优势就是拥有很多独特的景观。比如有一些小型植物，它们大多属于附生植物，将自己的枝、干直接缠绕到其他较大的植物的树干上，并且深深地插入里面，汲取大树的养分；还有的植物更"狠"，它们会直接绞杀身边的那些弱小植物，为自己腾出更多的地方，开拓更广阔的领地。

　　雨林的生存环境，竞争是很激烈的哦。很多植物为了能够延续自己的物种，可谓是"费尽了心思"，只要能够给自己争取一席之地，它们便会狠下"心肠"，清除掉所有的障碍物。

树上还能长新树

　　在热带雨林中，生长着很多木质藤本植物，它们有的高达 300 多米，直径粗达 20 多厘米。这些植物最大的特点就是可以倒着生长，很奇怪吧？起先，它们和其他树木没什么两样，但长到一定程度后，树顶的树枝就开始倒挂垂生，而且它还不满足于此，经常从一棵树爬到另一棵树上，彼此之间交错缠绕、纠结不清，最终形成一张稠密的大网。

　　很多交错缠绕的树枝垂到地面后，深深地扎到泥土中生根，又会长成一株新的树木。等到它慢慢长大，就好像冲破了原来的大网，获得了新生一样。这种"树上生树"的奇观，让我们深深地感受到热带植物那顽强的生命力，实在令人折服，也让热带雨林更添神秘的色彩。

叶片也能生花

　　雨林中还生存着这样一种特殊的植物，我们将它们称为附生植物，如藻类、地衣、苔藓、蕨类等。它们喜欢附着在那些高大的灌木、乔木或藤本植物的树干上，就好像为它们披上了一件厚厚的绿衣，有的还会开出各种鲜艳的花朵。还有一些甚至会附生在高大树木的叶片上，形成"叶片开花长草"的奇妙景象。

独木便可成林

　　有些独特的树木有着非常发达的气根，它们从树干上悬垂下来，扎入泥土之中继续生长、增粗，变得更加强壮，分成许许多多的"树干"，不断地"复制"自己，这样反复循环，大有独木成林的气势，远远看上去非常壮观。在雨林中拥有这种生长能力的树木还不在少数，如菠萝蜜、可可等。这些老树的根茎或树干处经常会开花或者结果，在雨林中形成非常独特的老茎生花、结果的奇异现象。

净化空气——小菜一碟

天然的空气净化机

别看热带雨林的分布比较集中，面积也不是很大，但它的重要作用却不容忽视。无论是人类还是其他生物，都离不开它。或许你会对这样的说法不太理解，为什么它会成为生物界不可缺少的重要组成部分呢？这主要得益于它那茂密的绿色植物。绿色植物能够吸收大量的二氧化碳，在光合作用下转化成氧气，释放到空气中，就像一个巨大的空气净化机一样，成为所有生物存活下去的重要保障。这样，我们就会有源源不断的新鲜空气啦。

氧气制造、吸收★比拼

我们都知道氧气是动物维持生命活动的基本条件，如果没有了氧气，地球上的所有动物就不能存活，包括人类。根据调查研究，一个成年人每天需要吸入 0.75 千克的氧气，呼出 0.9 千克的二氧化碳。而生长在热带雨林中的一棵直径约 20 厘米的绒毛白蜡树，每天能够吸收 4.8 千克的二氧化碳，释放出 3.5 千克的氧气。也就是说，一棵绒毛白蜡树每天能够供给大约 5 个成年人呼吸所需要的氧气。热带雨林中有那么多植物，它们所制造出的氧气全部释放到空气中，简直让地球成了一个天然氧吧。

保护大地的体温

热带雨林拥有茂密的树林，树枝交错，形成巨大而密实的"网"。炎热的夏季，火球似的太阳炙烤着大地。这时候这道"网"就发挥作用了，它们将太阳辐射到大地上的光热吸收、散射和反射掉一部分，这样就能大大降低地表的温度。不仅如此，寒冷的冬季到来，寒风呼啸，让大地都感到一阵心惊，此时雨林密网又该出场了。强风根本就不足以对如此严密的大网构成威胁，反而被它削弱了速度，对大地起到了很好的保温保湿作用，生活在其中的小动物们也不会太寒冷。如此看来，热带雨林还真是大地的保护神呢！

9

一块巨大的海绵

有人曾把热带雨林比喻成一块巨大的海绵，这是怎么回事呢？雨林和海绵之间有什么联系呢？其实它指的是雨林对自然界水分的调节作用。下雨的时候，雨林中的植物便会利用根部的吸水能力蓄积大量水分，然后再将其传送到树干或叶片，经过植物叶片的蒸腾作用，水分就会以水蒸气的形式被释放到空气中上升，最终形成云，转化成雨。所以说，热带雨林不仅能蓄水，还能释放出水，就像海绵一样，不但可以吸水，而且稍稍用力，水便会被再次挤出。这样来理解这个比喻，就会觉得用它来形容雨林再合适不过了。

世界资源的巨大宝库

人类生活物品供应站

    热带雨林和人类生活关系最为密切的就是木材和森林副产品的供应。很多树木被加工成我们生活中所需要的家具和生活用品，其中还不乏一些比较名贵的木料。人类为了满足需要，每年都要消耗掉大约 3350 万立方米的木材，这些木材一半被当作燃料，一半经过加工，做成各种各样的物品，如大家家里的桌子、椅子等。除此之外，热带雨林还以其他各种方式影响着我们的生活。它就像人类的物品供应站一样，和我们的生活紧密相连。

能做飞机、汽车轮胎的巴西橡胶

现在我们就具体说说离不开雨林的原因，首先从汽车轮胎开始。

生长在雨林中的巴西橡胶树是轮胎制造商们的最爱，因为从这种树中提取的橡胶质量非常好，它像蹦蹦床一样有弹性，又像潜水服一样有防水性，同时还耐磨、耐热，用这种橡胶制作出来的轮胎比普通橡胶坚固20倍。据说，不只是汽车，就连飞机也都要点名用这种橡胶轮胎。

很神奇吧，如果没有高质量的巴西橡胶，说不定爸爸们每个月都要去修理厂换一次轮胎哦！也或许，你放学的路上、春游的路上，甚至是坐在飞机上，都会因为差轮胎突然报废而遭遇大麻烦。

雨林是个 巧克力★工厂

你一定不能相信，如果没有雨林，你连巧克力都吃不上。

制作巧克力最重要的原材料就是可可。16 世纪前，知道"可可"的人仅限于住在亚马孙雨林里的土著，因为稀少珍贵，所以当地人把可可的种子作为货币使用，名叫"可可呼脱力"。16 世纪上半叶，可可慢慢传入了墨西哥，随后又进入美洲。不久，来旅游的欧洲商人发现了这种神奇的植物，于是将原料可可豆磨成粉，加入水和糖浆，制成了受大家欢迎的巧克力。

如此说来，雨林真的是巧克力大工厂，没有雨林，我们就少了一种超级美食，不是吗？

这里是医学研究中心

雨林对医学的研究也做出了非常突出的贡献。

据说，地球上约有四分之一的珍贵药品都来自于雨林。比如，麻醉剂、抗疟（nüè）疾特效药、老年人离不开的降压药等。医学工作者们一次又一次来到雨林，采集他们认为有用的植物样本带回实验室，经过反复的试验、试验再试验，研究、研究又研究，制成了许多造福人类的药品。

但为什么华佗能够发明麻醉剂的前身——麻沸散呢……好吧，他也许是在中国的雨林中采集到了麻沸散的原料。

金鸡纳树治疗疟疾的秘密

金鸡纳树的原产地为美洲大陆，很久以前，一直在当地生活的印第安人发现了它的药用价值。他们知道这是一项了不起的发现，一直对此发现高度保密。后来，西班牙的一位伯爵（jué）领着夫人来秘（bì）鲁旅游，夫人不幸染上了疟疾，而且病情非常严重。伯爵经多方打听，知道了印第安人有治疗此病的特效方法，便向印第安人求药，没想到却遭到了拒绝。

不过，聪明的伯爵并没有就此放弃，他发现印第安人经常嚼一种树皮，经过调查，他终于知道原来能治疗疟疾的就是金鸡纳树的树皮。于是伯爵就派人采回了金鸡纳树树皮，并每天熬煮成汤药喂妻子服下，没过多久，伯爵夫人的病就好了。

后来者居上的爪哇岛

金鸡纳树树皮能够治疗疟疾的消息不胫（jìng）而走，几乎人人都得知了这个消息。欧洲人想尽一切方法要得到金鸡纳树，于是他们便在荷兰聘请了一名德国人，把他派到秘鲁地区，以帮助当地建立金鸡纳林场作为掩饰，盗取了 500 棵金鸡纳树树苗，并试图用船将它们偷偷运到荷兰。但是很不幸，等到了荷兰，那 500 棵金鸡纳树树苗仅剩下了 3 棵。

后来，欧洲人辗转来到了爪哇岛，就将这仅存的 3 棵树苗种在了这里，没想到这 3 棵树苗竟顽强地活下来了，而且越长越壮，最后爪哇岛的金鸡纳树树皮产量居然超过了它的原产地美洲大陆。这还真是一个让人不得不惊叹的奇迹。

热带雨林的主人——土著居民

受到冲击的雨林主人

热带雨林里有很多让人匪夷所思的自然生物，还有一群靠山吃山、靠水吃水的部落居民，他们就像雨林世界的主人一样，将这里作为自己赖以生存的家园。但是，环境的恶化和城市的发展使很多的原始居民都被迫放弃了原有的生活方式。

不过，在亚马孙地区的热带雨林中，仍然有很多人在那里居住，他们将原始的生活方式和现代社会结合起来。比如在定期的篝火晚会上，他们会拿出狩猎的战利品以及几罐在市集上采买的可口可乐，另外，听说如今的土著结婚还会穿着树叶装到城镇里去照结婚相片呢！够前卫吧！

自由自在的土著生活

没有学校、不用上班的土著人怎样度过他们的一天呢？

清晨，家里的爸爸们带着大一点的男孩子进入雨林深处狩猎，他们的战果决定着整个部落的人会不会挨饿，绝对是任重道远；而妈妈们则带着女孩子留在扎营地用兽皮或植物制作衣服，烧制简单的器具用品；老人会负责照顾小孩子喝奶、起居。

夜幕降临，男人们从雨林深处拿回一天的战利品，整个部落的人在火堆旁开始丰盛的晚宴。

虽然雨林中的土著不会用电脑，也不知道什么是互联网，但这种自由自在的生活看来也不错啊！

应对毒蛇有高招

土著居民长期生活在热带雨林中，没有任何现代化设施，只能依靠天然环境生存下去。自然界存在各种各样的毒物，不过这并不能影响到他们，因为生活就像一个大课堂，他们早就从中总结出了应对各种困难的办法。比如在解决食物方面，如果猎物较少，他们就会将那些毒蛇划到捕猎范围，小心地应对，先用木棒撑住毒蛇的嘴巴，让蛇将所有的毒液释放出来，然后再抓紧武器，照准它的身体，猛地击打下去，立即就解决了这个麻烦。剩下的，就是怎么做成填饱肚子的美味了。

葡萄藤做渔网

热带雨林不仅为土著人提供丰富的猎物，还提供了很多干果和水果。不过，并不是每一种果实都可以直接食用，有一些是有毒的，食用前需要经过特殊的加工。当然加工时并没有机器，只有用自己的双手实现一切。另外，那些生活在泥地里、沙滩里和河里的鱼类以及甲虫类，富含丰富的蛋白质，营养价值极高，是土著人食谱上最主要的材料。但是这些家伙非常难以捕捉，稍有动静就溜掉了，再加上它们本身体积较小，很难用笨重的矛和叉等工具捕捉。后来，土著人便想了一个好办法，用大量的葡萄藤缠绕穿插成篮子的形状，当作渔网使用。这样，只要那些河里的鱼虾进入篮子，即使它们再厉害，也插翅难逃。

最具特色的篝火晚会

"篝火"最早是古人用来取暖搭建的火堆。慢慢地，人们不只用木材来搭建，还加上了动物的骨头，以图赶走邪灵。

在雨林中的土著们，每晚都会围着篝火吃打回来的新鲜猎物、唱歌、跳舞。而到了部落特定的节日或是有新生命诞生的时候，人们也会往火堆中扔几块动物骨头，用这古老的习俗庆祝美好的日子。

21

精美的土著族长权杖

别看土著人的科学技术不发达，他们的木雕技艺却十分了得。

无论是部落中的男人还是女人，都能在很短的时间内用木桩雕刻成带有图腾纹饰的装饰柱，而代表着一个部落最高雕刻水平的，一定是族长的权杖。据说，族长的权杖会带有各部落密传的图腾，雕工精细并且镶嵌很多装饰品，不仅代代相传，而且每一代都会在权杖原有的基础上增加新的纹饰或装饰，如羽毛、棉线、刺绣品等。

人间伊甸园——亚马孙雨林

伊甸园的传说

相信你一定听过伊甸园的传说。

相传在造人的时候，上帝耶和华以自己的形象为参照创造了男人的祖先亚当，后来觉得亚当一个人太孤单，就用亚当的一根肋骨创造了女人——夏娃。在东方的伊甸，上帝为他们造了一个神圣的净土，这片净土就叫作伊甸园。

据说，伊甸园里满地都是金光闪闪的黄金和耀眼夺目的珍珠，数不清的玛瑙堆积成了假山，各种奇异的树上开满了漂亮又不知名的花朵，树上的果子还可以摘下来作为食物，园中还有潺潺流过的小河。

这一切美丽的景象简直就是亚马孙雨林的缩影，所以人们都把亚马孙雨林称作是人间的伊甸园。

人间伊甸园

亚马孙雨林分布在南美洲的亚马孙平原上，是地球上占地面积最广的热带雨林，总面积比整个欧洲还要大。这里的自然资源十分丰富，生物多样性保存完好，生态环境复杂多样，因此又被人类形象地称为"生物学家的天堂"。

当你第一次踏进亚马孙热带雨林时，就会被它的魅力深深地吸引。你感觉自己好像进入一个神话般的世界。抬起头仰望，看不见蓝蓝的天空，满眼都是交错横生的枝条，密密麻麻的叶子紧紧地交织在一起，入眼的是一大片绿色；低头看到的不再是灰色的泥土，而是布满每个角落的苔藓、落叶；环顾四周，看不到光秃秃的城墙，只有密不透风的丛林，到处都是一片青翠，仿佛置身于绿色的海洋。不过，你可不能光忙着欣赏美景，一定要注意周围存在的危险信号。在这里阳光很难透过丛林照射进来，因此光线有些暗淡，经常有蛇虫野兽出没，一不小心就可能遭到它们的袭击，所以在这里行走，一定要非常小心谨慎。

25

动植物★集合

对于植物来说，亚马孙热带雨林是它们公认的乐园。这里环境温热潮湿，无论是温度还是水分，都能充分满足植物的生长需要。香桃木、月桂、棕榈、金合欢、黄檀木、巴西果、桃花心、亚马逊雪松及前面提到过的橡胶树统统都是这里的特产。各种植物争相生长繁殖，壮大自己的种群。据统计，亚马孙热带雨林中的植物种类居全球之首。无论是哪种植物，在这里都有可能存在四五种它的同生姊（zǐ）妹。

亚马孙雨林中有着非常丰富的生物物种，同时也聚集着很多稀有动物，是世界上生物资源最珍贵的宝库。除了猴子、树懒、蜂鸟等，美洲虎、海牛、貘（mò）、红鹿、水豚也都是这里的"常住居民"，另外值得一提的就是这里的鱼群。在鱼类学者看来，这里是研究鱼的最理想场所。

此外，亚马孙热带雨林还是一个昆虫宝库，根本就没有人能计算出这里到底生活着多少种昆虫。科学家们经过几十年来的不断搜寻，一共收集了 500 多万只不同种类的昆虫制成标

本，但这并不是昆虫种类的尽头。科学家表示，亚马孙雨林中的昆虫种类远比这个数量要多得多。由此看来，说它是物种资源宝库还真是名副其实。

神奇的"大河婚礼"

黑白河指的是内格罗河和索里芒斯河，它们都属于亚马孙河的支流。内格罗河河水中的矿物质和森林腐叶混合后，就会让河水接近黑色，因此被人们称为"黑河"。索里芒斯河与普通的河流一样，河水中携带着含有可溶性营养物质的泥沙，因此河水呈白色并略带淡黄。这两条河流交汇后并不会立刻融合在一起，而是并行向下游流出将近 80 千米，才会一起汇入亚马孙河。两条河流汇合后，一白一黑甚是分明，就好像身着礼服的新娘和新郎一样，因此将它们称为"大河婚礼"。

神奇的马达加斯加

让人向往的童话世界

随着电影《马达加斯加》的上映，我们在欢声笑语中结识了这片充满欢乐的童话乐园。我们就像影片中的丛林之王阿历克斯一样，渴望踏进那片土地，真正地了解那个我们无限向往的世界。阿历克斯曾经说过，到了马达加斯加我们就能得到自由，可以和那些整天吵吵闹闹的动物们做邻居，可以看到一望无际的原始森林，丛林里开满了各种颜色的花朵，美得一塌糊涂。

大海上漂浮的绿叶

马达加斯加岛位于非洲大陆的东南海面，一个岛就是一个国家。该国属于典型的热带雨林气候，因此小岛上形成了热带雨林景观。这里气候温暖，雨量充足，所以树木四季常青，有高大的椰子树，也有低矮的灌木丛，茂盛的草丛中盛开着各种各样的鲜花，好像为马达加斯加披上了彩色外衣，绚丽多彩。假如可以从大洋上空眺望马达加斯加，整个小岛都显得郁郁葱葱，仿佛是海面上漂浮的一片绿叶，让茫茫的大海有了生机。

牛的数量比人多?

马达加斯加岛是非洲地区最大的岛屿，这里有大面积的草原，小草鲜嫩翠绿，绝对是牛儿的天堂。

马达加斯加的居民们对此合理利用，开始在这片土地上养牛。于是这里的牛儿越来越多，越来越多……没过多久，全岛牛的数量就远远地超过了人的数量！

据统计，马达加斯加岛上的居民人均拥有 10 头牛！真是不折不扣的"牛岛"！

给尸体翻翻身的奇怪风俗

马达加斯加人非常重视感情，即便是已故的亲戚、朋友也不会忘记。为了表示自己对死者的怀念和尊重，每年在特定的时间里要"翻尸"——其实就是将死者的尸体从墓穴中挖出来，然后给他翻翻身的意思。我们听到这样的做法可能不太理解，甚至觉得恐怖，认为他们打扰了死者的清静。其实在马达加斯加人看来，这是他们对死者表达敬意的一种方式，同时死者一直"生活"在阴冷潮湿的土里，应该让他们"出来"晒晒太阳。当然，马达加斯加人的尸体都保存得非常完好。至于他们采用了什么样的方式，只有当地人才清楚了。

雨林动物植物大比拼

胸前长角的隐形高手——角蝉

胸前能长角

　　众所周知，很多昆虫的头上都长着角，因此我们在看到长角的昆虫时也不觉得是什么稀罕物，不过这个家伙可不一样，它不但长着角，而且长在胸前，是由胸部的前胸背板翘起形成的。角的模样更是十分奇特，什么样子的都有。你可不要嫌它的角丑，它们可是有大用处的。但是，它们的角并不是用来打架的，而是它们在雨林这个充满竞争的世界里安然生存的秘密武器。

你看不见我

　　角蝉喜欢生活在树上，大多数时候依靠吸食树木的汁液为生。它们属于昆虫中比较弱小的一类，没有强大的自我保护能力，但雨林里到处充满了危险，这些小家伙是如何保护自己的呢？

　　原来，它胸前的角起了大作用。当角蝉落在长有棘（jí）刺的树木上时，它就会竖起自己身上的角，紧紧地贴在树干上，混在那些棘刺之间，即便你走近了仔细观看，也很难分辨真假。最厉害的就是，当几只或者十几只角蝉停留在同一根枝杈上时，它们就会等距离地排开，看上去就好像真正的小树枝一样。所以，虽然角蝉比较弱小，但它们的自我保护能力可是很强，无论落在哪里，都能和环境融为一体，想找到并不是一件容易的事。

在树缝中产卵

　　虽然角蝉的伪装能力很强，但它们毕竟属于弱小类昆虫，要想保证自己的种族得到延续，就必须有强大的繁殖能力，而且还要注意保护好自己的卵，否则，一不小心，很可能就会被猎食者弄得家破"虫"亡。不过这可难不倒这些小东西，雌虫用尽自己的力量将树皮撕出一个双行缝，然后将虫卵产在里面。如果不仔细看的话，还真找不到那些密密麻麻的"小颗粒"呢。这样的保护措施对角蝉来说是万无一失，可是遭殃的就是被它选中的大树了。树干的皮被撕毁了，真菌和病菌就能轻易地由此缝进入，最终影响大树的健康。

有"人"治得了它

　　俗话说"一物降一物"、"魔高一尺，道高一丈"，即便角蝉再会伪装，也逃不过捕食者的"法眼"。对于角蝉来说，它们最大的天敌就是枯叶螳螂。你说角蝉会装吧，但它比角蝉还会装，总是静静地躲在落叶堆里，就等着猎物自己送上门呢。螳螂被一大堆的枯叶掩盖着，角蝉根本就看不到潜在的危险，还自以为掩藏得很好。谁知道敌人早就在背上放好了一片枯叶，慢慢地朝着角蝉的方向移动，瞅准时机，火速下手，可怜的角蝉，只能沦为敌人的腹中餐了。

最美丽的青蛙——箭毒蛙

体型娇小的美蛙

在青蛙世界中，除了我们所熟知的那种背部有青绿色条纹的以外，还存在一种体型娇小的"美人"——箭毒蛙。它们身穿漂亮的"花外衣"，全身色彩鲜明，多为红色、黄色或者黑色的斑纹，四肢还布满着鳞纹。你可不要小瞧这个小不点，越是美丽的背后越是隐藏着危机，它们就是危险的代名词。

大摇大摆才算英雄

　　箭毒蛙生活在茂密的热带丛林中，尤其是那些阴暗潮湿的地方。热带雨林是一个生存竞争非常激烈的地方，但它们好像天不怕、地不怕似的。大多数动物为了保命都忙着伪装自己，它们却穿着"花外衣"在丛林里大摇大摆，生怕被人忽视。还别说，这一招果然管用，其他动物看到箭毒蛙如此勇敢，都很佩服，离很远就开始"打招呼"。至于那些隐藏在暗处的敌人，看到箭毒蛙如此轻松的样子，还以为它找到了什么特殊的保护手段，一时之间还真不敢轻举妄动。

真是↑狠毒的家伙

　　那些在箭毒蛙身上打主意的家伙幸好没有行动，否则一定会死无葬身之地的。因为箭毒蛙看起来美丽无比，但蛙如其名，它颜色鲜艳的皮肤能够分泌出一种起润滑保湿作用的体液，里面含有剧毒。这可是它们安身立命最有利的武器，只要有敌人靠近，它们的身体就会立即释放大量的毒液，无论是什么动物，只要伸出舌头触碰到，就会立即丧命。如此危险的家伙，森林动物们绕道走还来不及呢，谁还敢轻易惹它？

刚出生就具备残忍本性

　　箭毒蛙的繁殖方式比较特殊,箭毒蛙爸爸要比妈妈更加的耐心和负责。雌蛙和雄蛙交配后,雌蛙妈妈就会将卵产在事先选好的"小池塘"里,然后便"狠心"地离去了。蛙爸爸只好担负起照顾蛙宝宝们的艰巨任务。没过多久,这群小家伙就出生了。你可别以为这群"婴儿"很柔弱,它们可是"残忍"的继承者。倘若将它们放在一处,而又缺少食物的话,过不了多久,这群小家伙便会手足相残,场面惨不忍睹。

人类的近亲——黑猩猩

到底是谁看谁

　　如果你见过它们，就会发现，原来自己的某些地方和它们长得还挺像。没错，它们本来就属于人类的近亲，是四大类人猿之一。虽然进化了这么多年，但骨子里总归还是保留着一些相似的地方。最有意思的是，如果你和黑猩猩对视，很容易就能发现它们和人的差别。不过再看看它那和你差不多的体形、一样灵巧的手指、丰富的表情，很难让我们否认"同宗"的事实。你的心里还会冒出一个想法：我们两个到底是谁在看谁呢？

我很友好，交个**朋友吧**

　　黑猩猩可是很会骗人的，一般人很难招架得住。每当有陌生人走到那些被圈养的黑猩猩附近时，它们就会从身边抓起一根稻草，尽可能地举到最高，好像在表演杂技一样。陌生人看到黑猩猩这样的表演，通常会被逗得哈哈大笑，同时也能感觉到它们的友好，会不由自主地向它们慢慢靠近。但是当你走到黑猩猩身边时，它会迅速地抓住你的手，然后在你手臂上狠狠地咬上一口。所以，千万不要被它们友善的外表所蒙蔽，它们可是"骗术大师"呢。

谁才是万物之灵

　　人类总是以"万物之灵"自居，没想到会被黑猩猩用如此的手段欺骗，说出去还真有点丢脸啊。黑猩猩在同类之间从来不会用这样的骗术，可能是因为它们彼此太过于熟悉，这种举稻草的小伎俩根本就起不到作用。也许在它们看来，只有"天真的"人类才能一次又一次上当，"万物之灵"的头衔也许有些让我们惭愧啊。

我什么都没做

　　虽然黑猩猩在同类之间不会用举稻草的手段相互欺骗，但并不代表它们没有欺骗行为。比如，当两只成年的雄性黑猩猩彼此靠近时，为了掩饰自己的紧张，显示自己的强大，会用手挡住自己的整个脸，从指缝中看对方。黑猩猩在追求伴侣的时候，也经常出现"意外事故"。当一只年幼的雄性黑猩猩正在追求一只雌性黑猩猩，没想到附近出现了一只更加强壮的雄性黑猩猩，这时那只年幼的黑猩猩为了避免被人家"教训"，立即收起刚才"殷勤"的表情，假装自己什么事情都没做过，悄悄地走开了。

动物中的"口技大师"——琴鸟

揭开琴鸟的神秘面纱

　　琴鸟的体型较大，全身都是浅褐色，喙（huì）（也就是嘴巴）坚而直。别看它的样子有些笨拙，身份可不一般呢。它穿着华丽高贵的外衣，长长的尾羽打开来就像是古代的七弦琴，再配上它们的"绝技"，说它是百鸟中的明星也绝不过分。琴鸟最擅长的应该是模仿，尤其是口技，无论是哪种鸟类，只要它有兴致，模仿起来简直惟妙惟肖。

琴鸟的美丽传说

美丽的东西往往都会被披上神秘的面纱，琴鸟也不例外。据说200多年前，有几位非常喜欢鸟类的探险家一起到澳大利亚西南的威尔士山区去寻找一种传说中的美丽鸟儿。他们翻山越岭，穿越茂密的丛林，终于发现了一只美丽、独特却不知名字的鸟。这种鸟的羽饰非常华丽，尤其是求偶期间或者炫耀时展开的尾羽，就好像一把七弦琴，便以此给它命名，这种美丽的鸟儿从此进入了人类的视野。

这个山丘不能随便闯

雄性琴鸟还有一个奇怪的习性，那就是建造土丘，有的建造一个，有的则会建多个。那些"野心"比较大的，更是不辞辛劳，在雨林中的开阔平地上建造起十几个外形相似的土丘，以此来标记属于自己的领域。土丘完工之后，雄性琴鸟就会在自己的领地上大肆表演，进行炫耀。它们站在最高的土丘上，亮开嗓子大叫一番，好像是在向众鸟宣告："这里已经是我的领地了，没事可以常来走动走动，当然，如果要入侵，劝你想都别想。"

当国鸟，真骄傲

热情的澳大利亚人民在选择国鸟的时候，倾向于挑选带有本国特色的鸟类作为国鸟，因为这个标志带有"专利性"，而且这也是国家、民族和地区的骄傲，于是这个"重任"就交到了琴鸟的身上。

琴鸟在澳大利亚象征着美丽、机智、真诚和吉祥，当有庆典或重大节日的时候，琴鸟还会作为吉祥大使出现在民众面前。这是多么大的殊荣，国鸟可不是谁都有机会能当上的啊！

都是美丽惹的祸

　　人人都希望自己拥有美丽的外表，但有些时候，美丽也会给自己招致祸患。就拿琴鸟来说，就因为太过美丽而给自己招来了厄运。在历史上曾有一段时期，人们对动物的保护意识并不是很强，许多人为了得到叫声动听的美丽琴鸟，或者想用它的美丽尾羽作为装饰，纷纷拥入丛林，大肆捕杀，很多琴鸟都在这样的劫难中不幸丧生。直到人们意识到要对动物进行保护的时候，剩余的琴鸟才算逃过一劫。

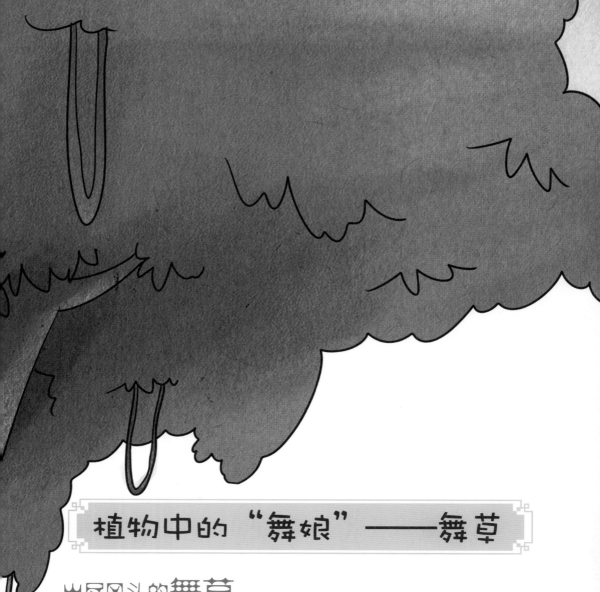

植物中的"舞娘"——舞草

出尽风头的舞草

1997 年，各地报刊纷纷登出一条让人震惊的消息：人们发现了一种能够跳舞的奇怪植物，将其称为"舞草"。后来科学家为了让舞草和世人见面，费尽心思地对它进行包装，终于在 1999 年昆明的世界园艺博览会上，舞草高调出场。它可真是占尽了先机，出尽了风头。所有的中外游客都为它的神奇而惊叹、着迷，在它身边流连忘返、赞不绝口！

长相似草非草

　　舞草原产于亚洲，生长在海拔 200 米至 1500 米的地方，喜欢充满阳光又温暖湿润的地方，是一种十分珍贵的濒临绝迹的植物。舞草最大的特点就是叶片能够无风自动，就好像跳舞一样，因此又被称为多情草、情人草、风流草等。

　　舞草虽然名字叫"草"，但它的长相非常奇特，似草而非草。枝干上每个叶柄的顶端都生长着一片大叶子，大叶子后面又对生出两片小叶，就好像一对情人找到了自己的避风港一样。

不知疲倦地跳舞

舞草的叶子对阳光特别敏感，一旦感受到阳光的照射，后面对生的两片小叶就会迎着太阳的方向一刻不停地绕着叶柄翩翩起舞，一直到太阳落山才会停止。每次两片小叶子都会自动以叶柄作为轴心，一直围绕着大叶旋转，旋转一圈之后便会快速弹回；有时它们还会上下翻飞，动作时快时慢，颇有节奏。两片小叶子好像不知疲倦一样，一直跳个不停。即便是阴天，它们也会像花丛中的蜻蜓或蝴蝶一样摆动旋转，真是妙趣横生。

揭秘舞草跳舞的原因

关于舞草翩翩起舞的原因，每个人都有自己的猜测。有的人认为可能是植物细胞的生长速度有变化，因此才产生了这种情况。还有的人认为它们是为了适应外部环境所致，当它们跳舞时，就能够避免遭受昆虫的侵害，还可以躲避酷热，以保持体内的水分。对于这些众说

纷纭的理由，科学家们听不下去了，对它们跳舞的真正原因进行了研究，原来，舞草和向日葵的生长规律差不多，白天，植物为了满足自身光合作用的需要，所以要获得更多的阳光，于是小叶片便朝着太阳或者有光亮的方向不停地转动。这种现象在我们看起来，就好像跳舞一样。

53

地震预测专家——合欢树

寻找合欢树的祖籍

合欢树的花非常美丽，就好像一个个绒球一样，而且还能散发出阵阵清香，因此被人们广泛种植。合欢树生命力非常顽强，可以适应各种生存环境，因此世界各地都能见到它的身影。事实上，合欢树的"祖籍"是热带丛林，那里阳光充足、空气湿润，合欢树长得郁郁葱葱、枝繁叶茂。人们实在舍不得离开合欢树，可又不能永远待在热带丛林中，于是聪明的人类便对其进行了研究改造，让它适应了热带丛林以外的生活，将它传播到了世界各地。

会 "伸懒腰" 的合欢

　　合欢树有一个有意思的特点，就是它的叶片非常奇特，日出而开，日落而合，因此又被人叫作"合昏"。树叶长得有点像镰刀，为对生叶片，每到夜晚或者遇上阴雨天就会自动合拢，太阳出来时就像刚刚睡醒的样子，慢慢地伸个懒腰，一片一片舒展开来。人们常常被它生动而有趣的表现逗乐，因此，将它称为"合欢"。合欢树的根部长有根瘤菌，别看它的样子不好看，作用却不容忽视。它能够改良附近的土壤，提高肥力，所以合欢树又是沙地、盐碱地和海岸造林绿化等工程的开路先锋。同时，它的叶片光合作用能力强，还能净化空气，吸收大量的污染气体，保护环境。

预测地震的专家

合欢树不仅在环境保护方面贡献很大，还有一个更为奇特的效用——预测地震。这可是一件新鲜事，很多科学家开始并不相信，于是便对它进行了千百次的研究。东京大学的某位教授借助高度灵敏的记录仪，发现合欢树的根系非常敏感，它们能很快地捕捉到地下发生的物理、化学变化。当它们预感到了某种危险信号时，就像人一样，也会感到不安和害怕，这时就会产生异常强大的生物电流，导致其本身也会发生一些变化。如果我们能够抓住这个特点，就能在地震发生前制定出应对措施，尽可能地减少地震造成的危害。

澳大利亚的国花

澳大利亚人对合欢花情有独钟，无论是自家的庭院中还是公园里，都种植着合欢树。每年的 8 月，合欢树的花开得最旺盛，一簇簇，一团团，紧紧地叠簇在一起，很是诱人，散发出的淡淡幽香，给澳大利亚的春天带来了无限生机。为感谢合欢树所做出的贡献，他们不仅将它当作春天的象征，还使其成为整个国家的骄傲。为了突出它的地位，在 1912 年，金合欢树花正式被澳大利亚政府定为澳大利亚的国花。

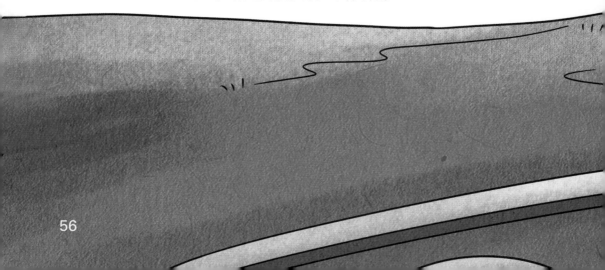

世界上最大的花——大王花

一个惊天大发现

　　1818 年 5 月 20 日，英国的探险家拉弗尔斯爵士进入了一片热带丛林，开始了他的探险之旅。经过一段时间的观察，他终于有了震惊世界的发现。当他第一眼看到这种大花的时候，他激动地对助手说道："这可真是一个惊人的发现……它应该算是世界上最大的花了吧？它的样子雍容华贵、绚丽壮观……花的直径竟然达到 1 米，重量在 7 千克左右。"拉弗尔斯认为这是"植物世界最伟大的奇观"，为了凸显它的地位，将它命名为大王花。

奇特的寄生花

　　这是一种非常奇特的植物，当地人将它们
称为"尸花"或者"腐肉花"，属于寄生植物。听
起来是不是有些恶心？它最大的特点就是无茎无
叶无根，是标准的"三无"植物，寄生在雨林中
其他植物的根部或较低的攀缘茎上。它的一生只
开一朵花，还会散发出非常难闻的腐肉味道，
因此也被称作"尸臭花"。其实刚刚开花的时候，
它们也能散发出淡淡的香味，可是随着时间的
流逝，花朵越开越大，不但香味没了，而且腐
臭味道还会越来越浓，甚至连那些大型动物
都不敢近身。

迫不得已的 "苦衷"

　　大王花腐臭味道最浓的时候应该是在传播花粉的时期。我们先不要着急嫌弃它，其实它本身也不想这样，只是有着不得已的 "苦衷"。大王花的花期很短，只有四五天。蜜蜂和蝴蝶等动物虽然勤劳，但不一定就会来采它们的花粉，于是它们便 "想出" 了一个好办法：吸引苍蝇、甲虫等喜欢腐肉气味的昆虫来给自己服务。还别说，这还真是个好方法，因为没有其他植物跟它们抢啊，所以苍蝇和甲虫就成了它们专业的 "授粉大使"。

不一般的花朵

　　要说大王花的花朵,很是不一般。它的花朵肉质多,颜色更是五彩斑斓,美中不足的是，花朵上面长着斑点，远远看上去，就好像是人们脸上长着的雀斑一样。大王花一般长有 5 瓣又大又厚的花瓣，厚度大约为 1.4 厘米，鲜红色算是大王花的主色，每片花瓣的长度能够达到 30 厘米。花的中间

有个很大的洞，花心就像一个大大的面盆，如果你愿意的话，倒是可以跳进去试试，绝对能够装得下你。当然，如果你害怕的话，也可以用水来测量。科学家曾经做过类似的实验，结果证明，这个洞能够装 7 ～ 8 千克的水，真不愧是世界"花王"。另外，大王花花心中央的开口处还长着密集的刺，就好像巨蛇的利齿一样，一不小心，就很可能会被它刺伤哦。

用生命结出的果实

　　大王花的花期很短，大约在花期的第四天，它的大花瓣就有了脱落的迹象，这也是它们开始凋谢的标志。在之后的几周，其他的花瓣纷纷脱落，颜色逐渐变黑，最后成为一摊黏稠的黑色物质。不过那些授过粉的雌花，会努力地支撑着自己残破不堪的"身体"，长达7个月之久，因为它们还要给自己的果实输送营养。7个月之后，大王花彻底衰败，果实最终成形。只不过这个果实有点让人失望，竟然是个腐烂的果实，它是一个直径大约为15厘米的球体，具有棕色的木质化的表面，内部为乳白色，富含脂质的果肉中镶嵌着上千粒棕色的种子。

懒到极限的大王花

　　大王花还有一个非常显著的特点，那就是"懒"。它的周身都没有叶子，也没有茎，一朵花就算是它身体的全部，主要是依靠汲取寄生植物的营养来生存。后来大王花将它的懒惰习性遗传给了自己的种子。大王花的种子真是"青出于蓝而胜于蓝"，它可真是懒到了极致，尽管面临着生存的威胁，它

也不愿意多走一步路，就停留在植株上，等待着大象或其他动物走过时，粘到它们身上，然后跟随着它们到处"流浪"，不知道什么时候掉落在地上，就在那里生根、发芽，继续繁殖。

被"人"排挤出地球的雨林

望天树的悲哀

让世界羡慕的中国望天树

望天树又叫擎（qíng）天树，这是中国考察队员于 1975 年在西双版纳的热带森林中发现的。望天树的高度一般在 40～70 米，相当于14～24 层楼房那么高。在低矮树林丛生的树林中，这样的高度，说它能够望到天真是一点都不为过啊。不过如果仅仅是这样，或许还不会被世界其他国家羡慕，更为重要的是，这种树木只在中国的云南生长，属于特产珍稀树种。我们国家将它们视为热带雨林的标志性树种，列为中国一级保护植物。

望天树空中走廊

　　望天树空中走廊高 36 米，长 2.5 千米，以自然生长的大树为依托，用钢索和尼龙绳网作为护栏，铝合金梯子作为踏板，每段桥都与树上的木质平台相连接。远远望去，就恍如将原始森林连接起来一样。

　　整个走廊看上去像一个"之"字，在这里你能近距离、多角度地观察热带雨林野生动物的生长情况。不过，这可是世界上第一高、中国第一条完全悬在空中的树冠走廊，如果你够胆量的话，那就上来试试吧！

不一样的热带雨林

你确实有几分胆量，能够站到这条走廊上，就已经证明了这一点。好吧，现在开始前进！这条晃晃悠悠的走廊绝对够刺激，每走一步都能让你的小心肝差点蹦出来，最后有惊无险，平安地到达终点，与高大的望天树"并驾齐驱"，是不是特别有成就感呢？现在你终于可以放心地好好观赏一下四周的美景了。极目远眺，错落有致的雨林景观映入眼帘，到处都是一片绿色；抬头仰望，离天空那么近，蔚蓝的天空飘浮着洁白的云朵，所有的烦恼和心事好像都被这灿烂的阳光洗涤得干干净净，舒畅而自由。

拿什么拯救我们的望天树

望天树的生存范围本身就很小，只在中国的云南分布，数量又非常少。热带雨林的生存竞争实在太激烈了，很多望天树都因为缺乏竞争实力，在"童年"就夭折了。现如今，望天树的数量已经越来越少，为了拯救这种濒临灭绝的珍稀物种，2011 年 9 月 29 日，中国的植物学家决定将望天树的树种带入太空培养。于是在"天宫一号"升空时，望天树的种子就来了一趟，太空遨游，做客浩瀚的宇宙。希望用这样的方法能够提高望天树的生存能力，保护好专属于我们的望天树。

野芭蕉也"焦急"

生命力如此旺盛

野芭蕉属于落叶乔木，高度为20～25米。叶子互生，非常宽大，长12～28厘米，宽6～12厘米。这样的大叶子着实给它带来了很多好处，不仅阻挡了阳光对根部直射所造成的伤害，同时也加大了对水分的吸收能力，保证了土壤的湿润肥厚，为自己提供了一个合适的生长环境，因此野芭蕉的存活能力是非常强的。一般的植物都要在特定的土壤下生长，但野芭蕉这个家伙无论是在酸性、中性，还是微碱性的土壤中都能很好地生长，甚至在石灰岩的风化土中都能够顽强地活下来。

野芭蕉要搬家

野芭蕉的老家本来在西双版纳的雨林中，但是西林县普合乡那合屯的负责人看中了它生命力顽强的特点，于是做出了一个大胆的决定：将野芭蕉移植到自己的村里。

进驻村子的野芭蕉生活得怎么样呢？

据说，村民们给野芭蕉建立了专门的苗圃基地，将野芭蕉的树苗装进了营养杯，用营养液进行培养、呵护，享受的绝对是"帝王级待遇"。不仅如此，村里还有一部分人专门负责照看每天给它们浇水，注意哦，是每天浇很多遍水。虽然野芭蕉的吸水性很强，不过毕竟是从热带雨林出来的植物，需水量很大。

就这样，野芭蕉在那合屯舒舒服服地住了下来！可喜可贺！可喜可贺！

一树六胎的怪芭蕉

一般来说，野芭蕉每次结种都是一树一胎，不过在江城县国庆乡田房村里竟出现了一桩有关野芭蕉的怪事。原来，村民苏加培在自家的院落里种了一棵野芭蕉，谁知道，前不久芭蕉结种，竟然出现了"一树六胎"的奇怪现象。6个芭蕉种子密密麻麻地挤在一起，互不相让。牛心大小的"六胞胎"把高约4米的芭蕉树都压弯了腰，真是苦不堪言。

要减肥就吃野芭蕉

野芭蕉深藏在西双版纳雨林中，不仅是当地的珍稀植物，而且它的茎心味美可口，还成为当地一大特色饮食，如果经常食用的话，还能起到减肥的功效呢。说起这件事，还有一个流传甚广的故事。据说很早以前，一位女佣负责傣族土司的饮食，因此她每天都有机会吃到傣族土司剩下的大鱼大肉，因此越长越胖。傣族土司实在看着她不顺眼，就派她去看守一块芭蕉园。没过多久，傣族土司到芭蕉园赏景，看到原本肥胖的女佣竟然变得非常苗条。傣族土司问女佣是否吃了什么灵丹妙药，女佣想了很久，非常确定地告诉傣族土司，她每天只是以野芭蕉花入菜为食。从此，野芭蕉可以减肥的说法便流传了下来。

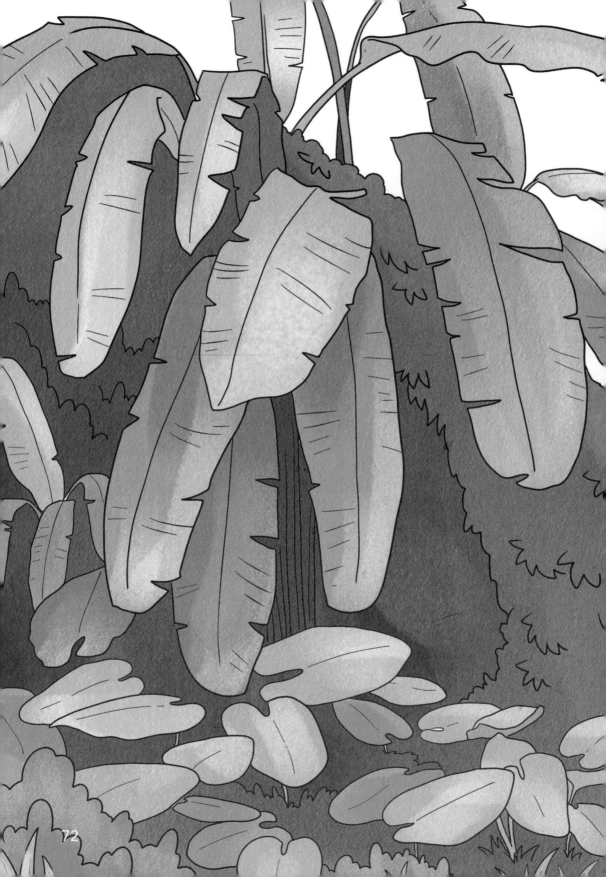

消失的野芭蕉

　　野芭蕉主要分布于热带雨林中，数量相对来说还算是比较多的，比如我们经常在云南野外看到野芭蕉的身影。但是近年来，随着人类毫无节制地砍伐、开发，雨林面积在缩小，天然降雨在减少，同时动物种群也在不断萎缩，雨林正处于逐渐"窒息"的可怕阶段！尽管野芭蕉的生命力很顽强，也难以抵挡人类和自然环境恶化的摧残。如果再不采取保护措施，那么野芭蕉很可能从热带丛林中逐渐消失。

　　值得庆贺的是，人类终于意识到了野芭蕉所面临的危难，立即采取了"红色预警系统"，将野芭蕉送入了英国的基尤千年种子库。

　　于是珍贵的野芭蕉成了基尤千年种子库储藏的第 2.42 万种野生植物种子。

　　这个种子库的终极目标就是要收集那些濒危的野生植物，并对其开展科学研究，尽最大努力保护好这些濒危植物。

　　看来我们的野芭蕉有救了！

印茄（jiā）木——雨林中消失的宝石

雨林天堂的"宝石"

印茄木生长在热带雨林中，质地坚硬，周身还带有美丽的花纹，这让其成为建材市场上备受青睐的宠儿。家具贩售商都欢迎以印茄木为原料做成的家具，因为这是仅次于红木的珍贵木种。

值得一提的是，印茄木树种需要 80 年才能生长成熟，每一公顷原始森林中也只能发现 1 ～ 5 棵该树种。俗话说"物以稀为贵"，印茄木应该算是名副其实的稀有了吧，用"雨林中的宝石"来形容它，一点也不为过！

回不去的印茄木

　　色泽亮丽、坚实耐用，使得印茄木家具变成了人们的宠儿，据说英国的贵族购买家具时，无论价格多么昂贵，也都会选择印茄木家具。

　　暴利吸引了越来越多的人加入砍伐印茄木的行列中，让数量本就不多的它们消失得越来越快。也许原来我们在一整片的原始森林中还能找到 1～5 棵印茄木，可是如今呢？或许你找遍了整个原始森林，也很难再寻到它的身影。

　　可悲的是，喜欢在印茄木上筑巢的鸟儿们也失去了幸福的家，只好四处流浪，选择其他树种……

挡不住的走私之路

专门负责木材走私的家伙们真是开动脑筋，最大程度地发挥了"聪明才智"，为了能够将印茄木送上走私的船队采用了至少四种方案。

一是伪造报关文件，将宝贵的印茄木"装扮"成马来西亚的普通木材出口；二是联系国外的非法林场，大多都是无人管理的地界，然后从那里进口印茄木；三是不顾法律的约束硬着头皮将印茄木原木装上船队，抱着侥幸心理将珍贵的木头送出去；四是买通一些没有职业道德的海关人员。

这群走私的家伙为了利益可真是想破了脑袋啊。

危险的中国木材市场

巨额的利润让越来越多的人将手伸向了非法走私的领域，其中也包括很多中国商人。根据相关资料显示，中国出口的热带原木中，印茄木占到 50% 的比例，所以中国算是世界上印茄木出口量最大的国家。

我们一定要阻止这些走私木材的黑心商人，因为树木的生长远远赶不上砍伐的速度，难道不久的将来地球要变成没有绿色的光秃秃的土球吗？

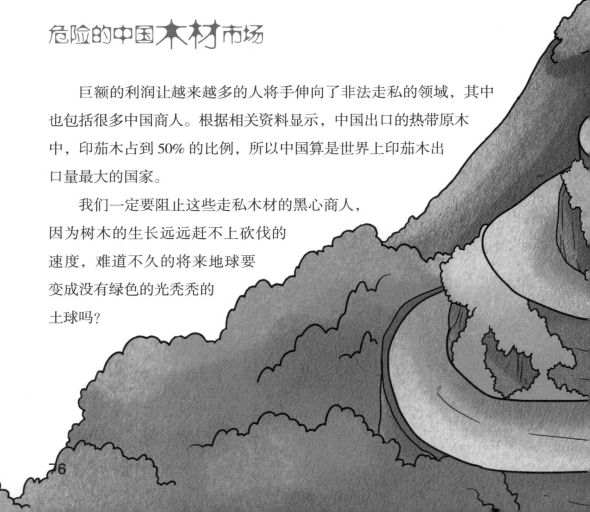

别让印茄木成为历史

印茄木越来越少，再不保护就要灭绝了，按照现在砍伐的速度，说不定十年之后我们只能在纪录片里面怀念印茄木了。

世界各国都积极响应保护树木的号召行动起来，组成了"绿色和平小组"，并且这个小组规定：不管你的理由是什么，都不能砍伐或者走私印茄木。否则，你就等着被狠狠地惩罚吧。

这个规定确实有效地保护了印茄木的数量，但就和不法分子偷猎大象一样，仍有心怀不轨的人愿意冒险盗伐、走私印茄木，怪不得印茄木还在悄悄哭泣呢。

所以，亲爱的小朋友们，让我们一起行动，为保护印茄木尽一份力吧，因为这是我们每个人义不容辞的责任！

没有买卖，就没有伤害

有人出钱买，才会有人冒险去砍伐、贩卖。

想要从根本上保护可怜的印茄木，我们就要杜绝买卖，对于贩售商私售印茄木的行为表示出不满甚至要协助警察叔叔把他们抓起来！想一想，如果这些讨厌的坏人都被关进监狱，谁还能去伤害印茄木、伤害大自然呢？

没有买卖，就没有伤害。不主动购买，谴责私售印茄木的违法商人，这样才算是真正保护了珍贵的印茄木。

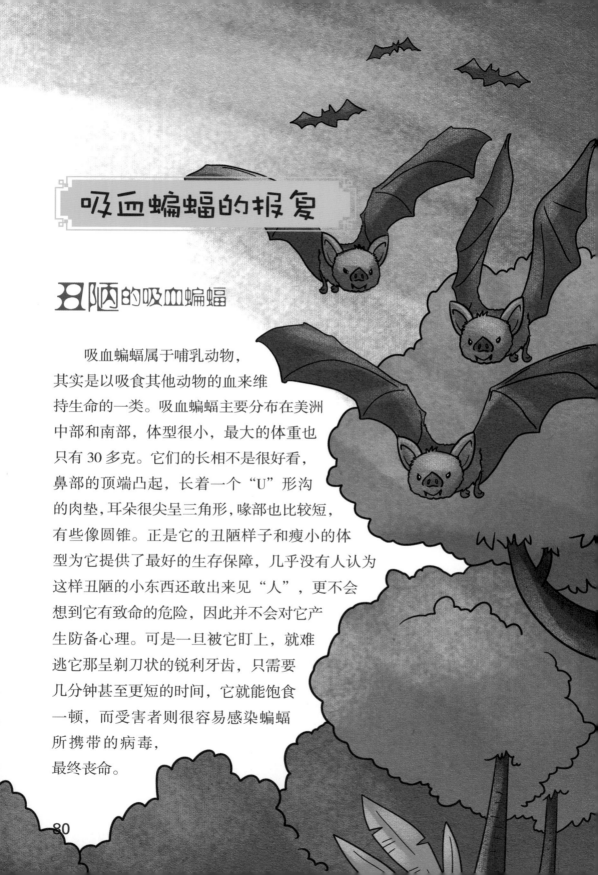

吸血蝙蝠的报复

丑陋的吸血蝙蝠

吸血蝙蝠属于哺乳动物，其实是以吸食其他动物的血来维持生命的一类。吸血蝙蝠主要分布在美洲中部和南部，体型很小，最大的体重也只有 30 多克。它们的长相不是很好看，鼻部的顶端凸起，长着一个"U"形沟的肉垫，耳朵很尖呈三角形，喙部也比较短，有些像圆锥。正是它的丑陋样子和瘦小的体型为它提供了最好的生存保障，几乎没有人认为这样丑陋的小东西还敢出来见"人"，更不会想到它有致命的危险，因此并不会对它产生防备心理。可是一旦被它盯上，就难逃它那呈剃刀状的锐利牙齿，只需要几分钟甚至更短的时间，它就能饱食一顿，而受害者则很容易感染蝙蝠所携带的病毒，最终丧命。

能飞又能跑的**精灵**

  吸血蝙蝠的生活习性比较特殊，主要以动物的血液为食，因此它们必须要有非常广泛的活动区域才能保证满足自己对食物的需求。蝙蝠的前后肢和指尖都以宽大的翼膜相连接，形成一对强有力的翅膀，这对它们的飞行非常有帮助。一般的蝙蝠虽然也具有超强的飞行能力，但只要到达地面，就显得力不从心了。不过吸血蝙蝠不一样，它们拥有细长的腿和前臂，在地面上也能够毫不费力地前进。这就大大扩大了它们的活动范围，为捕食提供了便利。

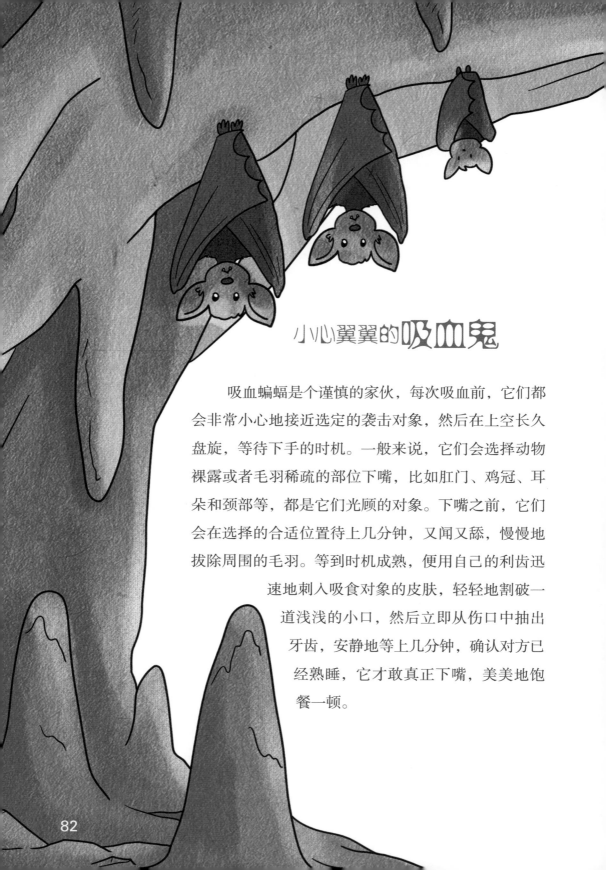

小心翼翼的吸血鬼

　　吸血蝙蝠是个谨慎的家伙，每次吸血前，它们都会非常小心地接近选定的袭击对象，然后在上空长久盘旋，等待下手的时机。一般来说，它们会选择动物裸露或者毛羽稀疏的部位下嘴，比如肛门、鸡冠、耳朵和颈部等，都是它们光顾的对象。下嘴之前，它们会在选择的合适位置待上几分钟，又闻又舔，慢慢地拔除周围的毛羽。等到时机成熟，便用自己的利齿迅速地刺入吸食对象的皮肤，轻轻地割破一道浅浅的小口，然后立即从伤口中抽出牙齿，安静地等上几分钟，确认对方已经熟睡，它才敢真正下嘴，美美地饱餐一顿。

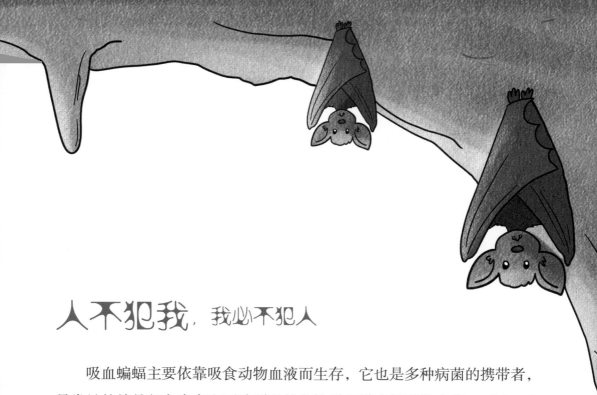

人不犯我，我必不犯人

　　吸血蝙蝠主要依靠吸食动物血液而生存，它也是多种病菌的携带者，最常见的就是狂犬病毒和可致严重的急性呼吸道症候群的病菌。不过，大多数时候它们与人类的相处还是比较和谐的，只要人类不触及它们的利益，它们也不会威胁到人类的生存。它们不会贸然伤害人类，也极少进入人类的居住区。

冤有头债有主

近年来，随着自然环境的破坏，热带雨林的面积减少得越来越快，很多动物都被迫转移生存地，甚至灭绝，这使得吸血蝙蝠的觅食变得越来越困难，不得不将目标转向人类。因此，在人类的居住区出现吸血蝙蝠的现象也越来越多。尤其是那些接近热带雨林的住户，如果居室里出现了吸血蝙蝠，应该立即带着家人离开房子，关闭门窗，只留下一扇窗即可。过一段时间，蝙蝠也许就会自行飞走。当然在这期间应该就医检查，以确认是否感染了危险的病毒，而且还要对居室进行彻底消毒后才能再次进入。

它开始报复了

吸血蝙蝠的生存环境被严重破坏，这个记仇的小家伙即将开始它的"复仇之旅"，人类，终究要为自己的行为付出代价！秘鲁亚马孙地区已经出现了因吸血蝙蝠咬伤致死的事件，而且是7名儿童。多么残忍的事情，但是这一切又能怪谁呢？它们不敢对成年人发起进攻，只能对那些毫无防备、没有任何反抗能力的儿童下手。可怜的受害者，病发前都出现了严重的狂犬病症状，比如怕光、恐水、身体僵硬、痉挛和口吐白沫等。人类，请不要再破坏热带雨林了，否则，我们的罪恶总有一天会全部加到自己的身上！

红毛猩猩"家"在何方

森林里的妇人

    红毛猩猩属于灵长类动物，主要生活在婆罗洲与苏门答腊岛北部的热带山地森林、低地龙脑香森林、热带泥炭沼森林中。它们全身长着红褐色的粗长毛发，但脸部却无比光滑，是一种温驯、聪明、喜欢恶作剧的动物。

    红毛猩猩最喜欢做的事情就是吊在树上晃悠，就好像荡秋千一样，过着逍遥自在的日子。当然了，就长相而言它们算是比较特殊的，可以说红毛猩猩是灵长类里和人长得最为相似的动物。

不要吵，让我休息一会儿

　　说红毛猩猩和人类的行为相似，那绝对是真实的。在印度尼西亚的一家动物园里就有一只聪明的红毛猩猩，它不仅能够表演很多有趣的节目，而且还有自己的思想呢。游客们都很喜欢这个聪明的家伙，纷纷围在栏杆旁，不住地喊红毛猩猩的名字。开始它还很配合，与游人玩得不亦乐乎。谁知道过了不久，这只红毛猩猩就累了，便躺倒在地上，背对着游人休息起来。但游人还没有玩够，仍然不住地喊着它的名字，没想到这只红毛猩猩竟然学人类的样子，用手指堵住了自己的耳朵，如此智慧的做法，让在场的人都大吃一惊。

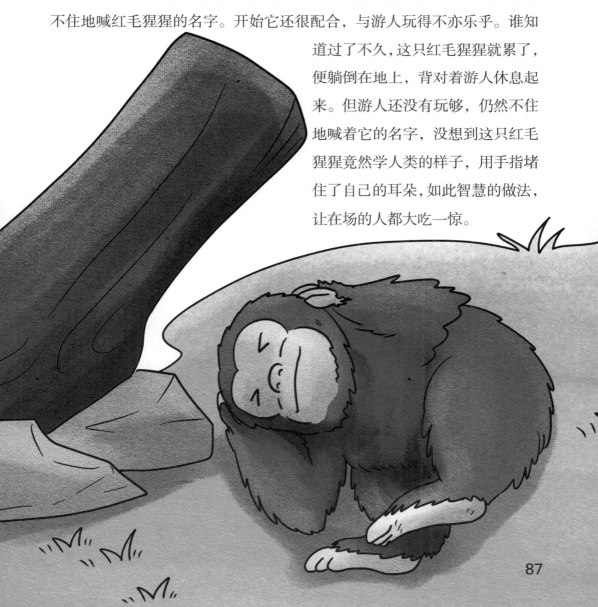

吼声大，本事小

红毛猩猩大多过着小群聚居的生活，由雌性猩猩带着几只幼崽，雄性猩猩则在外面过着自由散漫的生活，而且红毛猩猩属于"一夫多妻"制，所以雄性猩猩一生中可以有很多个"老婆"、孩子。每当到了发情期，雄性猩猩就会回到雌性猩猩身边，完成任务后又离开了，留下雌性猩猩独自孕育、抚养宝宝。从这点来说，雄性红毛猩猩还真是不负责任。雌性红毛猩猩就好得多了，它们会尽职尽责地照顾宝宝，一旦遇到危险情况，就会装出一副很吓人的样子，同时嘴里还会发出"呼噜噜"的声音，再加上它那看似进攻的架势，好像在向对方宣战一样。其实，红毛猩猩属于"纸老虎"一派，它们根本就没有什么特别强大的防御与抵抗能力。

残忍的猎杀手段

    幼年的红毛猩猩在自然的状况下，随时都会紧紧地抱在母亲的胸前，受到细心的照顾与呵护。因此，那些捕猎人员在捕捉红毛猩猩的幼崽时，必须要先杀害它的母亲和那些与其一起生活的成年或半成年的红毛猩猩，而且他们在走私的过程中更是残忍，通常将那些红毛猩猩的幼崽塞入很小的盒子中，在运送途中，很多红毛猩猩因为长时间缺食、缺水和四肢缺乏伸展空间，最终因饥饿、脱水或相互攻击、撕咬而死亡。真正被送到交易者手里时只剩下原来的四分之三或者更少。

哪里才是家

除了那些非法捕杀红毛猩猩的人外，还有一部分自称是"爱宠"的人士，他们为了凸显自己的地位和品位，依靠非法手段购得红毛猩猩幼崽，将其私自养在自己的家里，每天给它们"最好"的照顾。可是这样的做法真的是热爱动物的表现吗？不，它们所需要并不是这种囚禁式的爱。它们属于大自然，如果我们真正地爱它们，就不要再继续伤害它们，而是放它们回家！也许那里不够安逸，充满了竞争，可是那才是它们真正的家园，才是它们最好的保护所。人类，请停止伤害，不要等到有一天，它们彻底地离开了我们，我们才知道想念和悔恨！

红毛猩猩会消失吗

红毛猩猩的数量本来就很少，再加上人类对森林的过度砍伐和开发，破坏了红毛猩猩的生存环境，而且很多不法分子，还经常捕捉红毛猩猩，非法出售。因此到目前为止，只有加里曼丹岛低地和苏门答腊岛等少数地方还存在红毛猩猩。据统计，全世界红毛猩猩的总量还不到 3 万只。尽管世界各国都已经意识到了红毛猩猩正面临着灭绝危机，纷纷出台相关的法律和政策，要求保护红毛猩猩。但在利益的驱动下，仍然有很多非法分子冒险进行猎杀行为。据专家预测，如果不能及时加大对红毛猩猩的保护，那么也许在 2020 年之前，红毛猩猩将永远从我们的世界中消失。

还给雨林一片天

瘦身，这可不是雨林想要的

挣钱才是硬道理

西双版纳热带雨林位于云南省南部西双版纳州的景洪、勐（měng）腊与勐海三县境内，是中国面积最大的热带雨林地区，但是近年来却屡次受到社会各界人士的关注。尤其是每年年底至次年5月，在西双版纳热带雨林的上空，随处都可以看到浓烟滚滚、火光冲天的现象。那是村民趁着旱季正在烧坝毁林，他们将森林里的树木烧光，然后再种上橡胶树。

虽然这种行为遭到了相关部门和社会人士的批判，但西双版纳的民众却不以为然。因为在他们的意识里，虽然都说热带雨林的这些树种很珍贵，但并没有给自己带来任何经济效益，反倒是种植橡胶树，不仅产量大，而且价格高，是一种致富的好方法。

热带雨林中的"绿色沙漠"

西双版纳的天然雨林不断减少，直接导致了热带雨林功能的降低以及生物多样性的减少。而橡胶树的天然威力，更是让热带雨林难以招架。原来，橡胶树本身的吸水性很强，随着橡胶树种植面积的不断扩大，导致了雨林地表的蒸发性加强，地下水源逐渐走向枯竭，雨林气候从湿热转变成干热。更为严重的是，橡胶林的水土流失量极其严重，而且补救困难，因此便有了"绿色沙漠"的称号。而现如今的西双版纳热带雨林，大面积种植橡胶树，如果再不加以制止，或许有一天，美丽而神秘的热带雨林真的会成为名副其实的"绿色沙漠"。

雨林消失，连电都用不上

在西双版纳的热带雨林附近还有一个东风电厂，它供应着整个东风农场以及附近村寨的生产、生活用电。但是随着热带雨林面积的不断减少，水源也在不断地减少，东风电厂的发电量也越来越少。根据电厂的工人讲述，橡胶林的水土保持性能比较差，热带雨林的地下水资源越来越匮乏，如果再不调整和改善热带雨林的土壤情况，不但有一天雨林可能消失，就连用电都会成为问题。

那些消失的风景

人类对雨林的破坏，所造成的影响可不仅仅是水土流失和电厂受损这么简单，还让西双版纳丢掉了很多东西。在热带雨林区原本还有一个大约10米高的瀑布，非常壮观。但随着河水的急剧减少，这道天然的瀑布现在已消失。不仅如此，天然橡胶的加工，让西双版纳境内的水质受到了不同程度的污染，很多野生动物都因为丧失了赖以生存的庇护场所和食源，纷纷迁徙到其他地方，甚至有些动物受此影响而灭绝。

治理工作刻不容缓

　　西双版纳热带雨林被破坏得太严重，治理工作一刻也不能耽误了。很显然，西双版纳政府也意识到了这一点，于是他们赶紧颁布了《森林保护法》，明确规定，不管你是谁，都不能私自砍伐树木。否则，你就犯法了。当然，相关部门也没有忘记人们砍伐树木种橡胶是为了多赚点钱，让自己生活得更好。所以，在出台《森林保护法》后，又推出了"生态补偿机制"，给了那些放弃毁林开荒的人们适当的经济补偿。效果还真不错，西双版纳热带雨林的破坏得到了有效的遏（è）制。

吃汉堡就能毁林?

快餐好吃却毁林

在现代社会中，快餐早已成为一种餐饮时尚，因为它不仅味道鲜美，还可以节省很多时间。然而，当你在吃美味的汉堡时，是否会想到其实你已经在破坏热带雨林了。这可不是危言耸听。据权威调查，全球热带雨林的面积正在以每年120425平方千米的速度减少，而导致这一现象的一个很重要的原因就是人们对快餐的情有独钟。原来，随着快餐事业发展得越来越好，鸡肉、牛肉等各种肉质的需求量不断增加。为了满足需求，很多人看中了热带雨林这块肥沃的土地，于是就开始不断地砍伐热带雨林的树木，将其改造成牧场或者农场。

破坏容易恢复难

在很多人的眼中，植物的再生能力很强，树木被砍掉后用不了多长时间就又可以绿树成荫了。所以，为了满足人类对汉堡肉的需求，也为了获取更多的经济利益，很多人大肆地砍伐热带雨林，将其改造成农牧场，而且在改造的农牧场中过度放牧。当这个农牧场退化后，就直接抛弃，再砍伐热带雨林，再改造成农牧场。殊不知树木的再生能力哪有那么强，破坏容易，恢复却很难。而那些废弃的牧场要想恢复成原来的样子，至少需要四百年的时间。

因为利益成为公敌

要问世界上哪个国家出口牛肉最多，巴西可是当之无愧的"出口牛肉大国"。巴西每年都会为多个国家提供用于制作汉堡的优质牛肉，并以此来赚取大量的外汇。但是巴西还没有高兴多久，问题就出现了。原来，巴西发展畜牧业主要是依靠砍伐亚马孙热带雨林的植被，改造成牧场的方式进行的。牛越养越多，亚马孙热带雨林的树木也越砍越多了，这让亚马孙热带雨林遭受了严重的破坏，导致当地空气中的二氧化碳增加，温度上升，而且巴西还因此成为世界各国批判的对象。

灾难迟早都要降临

　　巴西依靠砍伐亚马孙热带雨林而养牛的方式并没有给当地的人民创造出可观的财富，只是让他们刚好填饱了肚子而已，却给大自然留下了难以弥补的伤害。过度砍伐亚马孙热带雨林，使得这片雨林的面积迅速减少，生物多样性减少，继而导致亚马孙流域的气温升高、降雨量减少、沙漠化加剧、土地变得十分干涸以至于不再适合耕作。因此，巴西东北部很多地区的土地都难以生长植被，成为最干旱、最贫穷的地方。

保护雨林是国际目标

  随着热带雨林面积的不断减少，全球的气温一天比一天高了，而且生物多样性也在不断减少，今天这种珍稀的生物灭绝了，明天那种珍稀的生物消失了。世界各国都认识到了事情的严重性。于是，大家就于 1992 年聚在巴西里约热内卢召开了一场"世界环境发展大会"，每个领导人都积极发言，最后发表了《里约宣言》，签署了《生物多样性公约》，将热带雨林纳入了世界重要保护区的范畴。随后，各国又纷纷制定了相关的法律，对本国的破坏行为加以制止。看来，保护雨林已经成为保护环境的一个国际目标了！

贡献一份力，保护大自然

随着人们保护雨林的意识不断加强，有些人开始有意识地去关注他们平时所吃的汉堡肉的来源，如果是以破坏雨林为代价而来的就拒绝购买，再加上各国政府纷纷出台各种保护雨林的政策，使得保护雨林活动取得了很好的效果。

以巴西为例，由于巴西政府与人民的共同努力，因此，2006 至 2012 年，巴西平均每年被砍伐的雨林面积下降到了 9600 平方千米，2012 年下降到 4700 平方千米。

近 8 年来，巴西境内热带雨林的砍伐与退化面积降低了将近 4/5。

世界雨林被谁"毁容"

拿什么建设海南生态省

热带雨林所面临的灾难属于世界性灾难，中国也不例外。位于中国南部地区的海南是中国热带雨林分布面积最广的省份。近年来，我们总是喊着"建设海南生态省"的口号，但是随着热带高效农业在海南的不断升温，很多开发商都将毁林开垦作为扩大耕地的重要手段。根据相关资料显示，从 2012 年冬天到 2013 年春天，仅仅几个月的时间，海南吊罗山国家原始森林公园等地的热带雨林就遭到了大面积毁坏。如果按照这样的破坏速度发展下去，我们还拿什么来建设生态海南呢？

曾经的"仙人脚"，如今的"黑炭头"

在海南热带雨林中，有一处尖峰名为"仙人脚"，那里曾经林木葱郁，还有汩（gǔ）汩流出的山泉，只要你在泉边坐一会儿，就能看到前来喝水的动物，它们好像不怕生人似的，还会围在你身边叫上一会儿。可是现在，放眼望去，曾经清澈的小河已经干涸不见了，到处都是被锯断的树枝、残留的树桩，到处都是被大火烧过的痕迹，黑乎乎的，远远望去，就好像是一个"黑炭头"。无论是谁，看到如此狼藉的"仙人脚"都会因为人类的残忍做法而懊悔。

把 "坏人" 统统抓起来

钻法律空子的坏人们伤害雨林的行为屡禁不止，对此我们的执法者们可不会放任自流。法律规定，一旦偷伐树木的坏人们被抓到，马上就会进行审判，并且一律从重处理。作为地球的一分子，我们应该明白雨林对人类的重要性，并且从自身做起，不随意砍伐或破坏雨林。同时，也要监督他人，让不法分子想偷伐也没有机会。

107

谁让亚马孙变成了撒哈拉

一个不是笑话的笑话

曾经有这样一个笑话，一个伐木工人去应聘工作，工头对他说："你到前面的树林去试试看，看你一分钟能伐几棵树。"一分钟过去之后，工头一看不禁惊讶道："哇，你也太厉害了，一分钟居然砍倒了20棵树，你以前在哪儿工作啊？"工人懒懒散散地说："撒哈拉森林。"工头纳闷地说："我只听说过撒哈拉沙漠啊。"工人淡定地回答道："哦，后来改名字了。"

虽然这只是一个笑话，但我们不能忽视它所反映出的问题，如果不对亚马孙雨林加以保护的话，迟早有一天它会成为第二个撒哈拉。

亚马孙"沙漠"即将成为现实

　　人们在听到上面的笑话的时候，只把它当成一个笑话，笑一笑就过去了。而地球上最大的亚马孙雨林仿佛在用实际情形告诉人们：这并不是个笑话。

　　亚马孙雨林正在遭遇百年不遇的干旱，12000公顷大的湖泊几乎全部干涸（hé），有成千上万的死鱼覆盖了湖底，成了"天然烤鱼"。河水断流，游艇都嵌在岸边的沙子里，人们在河床上自由自在地行走或骑自行车，整个河道看起来就像是撒哈拉大沙漠。这个干涸的湖就是雷湖，而这条断流的河就是亚马孙河。

干旱，让亚马孙变得惨不忍睹

　　从 2005 年开始，巴西亚马孙河流域就遭遇了十年来最严重的干旱，引发当地雨林遭遇森林大火，饮用水也被污染，数以万计的鱼类死亡。2007 年，干旱再次袭击亚马孙，致使河水的水量和水平面高度比往年降低了很多。2010 年亚马孙河百年不遇的干旱使得几百万公顷的热带雨林都遭殃了。亚马孙雨林树木的生长速度因为干旱而明显下降，而且干旱还选择性地扼杀了一些生长速度快且木质密度低的树木。人们只能祈求上天多降些水来拯救那些"渴坏了"的热带雨林植物和动物，不过上帝并没有听到人类的祈祷。大火开始在干燥异常的森林中蔓延，数千公顷的雨林葬身火海。

干旱的罪魁祸首

亚马孙雨林只有雨季和旱季两个季节。在当地雨季被称为冬季，而少雨的旱季则被称为夏季。每年 5～10 月为旱季，11 月至次年 4 月则为雨季。而亚马孙雨林却在雨季遭遇了严重的旱情，这到底是为什么呢？谁是让亚马孙遭受旱情的"幕后黑手"呢？

专家分析，亚马孙雨林遭遇百年不遇的大旱有三个原因——大西洋变暖、乔木蒸发量的减少，以及林火释放的烟雾。长时间的干旱同时也让植物蒸发量降低，于是水循环也随之减少，从而导致恶性循环。同时值得人们注意的是，人类对热带雨林的滥砍滥伐是导致干旱加剧的主要原因。目前已经有 20% 的亚马孙雨林被彻底夷为平地，另外有 22% 的雨林正在被过度砍伐而遭到破坏，导致日光可以照射到雨林的地表，使得土壤变得更加干旱。我们不禁感叹：拿什么拯救你，我的亚马孙雨林！

亚马孙雨林计划

拯救雨林计划启动

　　为了不再让亚马孙热带雨林哭泣，巴西政府公布了一项保护亚马孙雨林的计划。在实施这份计划的过程中，警察机关也参与进来了，只要你敢破坏亚马孙热带雨林，警察就敢将你的行为定为犯罪行为，然后将你送进大牢中。令人欣慰的是，这个计划取得了不错的成果。而且为了更好地保护亚马孙热带雨林，相关部门在 2011 年又提出了"REED 机制"，也就是减少砍伐森林以及温室气体排放。相信通过巴西人民的共同努力，拯救亚马孙热带雨林的行动最终会取得圆满成功的。

人工经济林——毁掉雨林的帮凶

取得利益才是目的

虽然热带雨林是大自然的保护者，保证了人类的生活需要和生物物种的多样性。但归根结底，它不能够让人类看到直接的利益。而对于某些人类来说，只有拿到金钱，才能认识到它的真正价值。于是人们开始改造雨林，将其包装成自己想要的样子，其中最重要的一点就是能够创造经济价值。比如桉树，它最大的用途就是能够造纸，而且利润极高，回报周期也短，几年之内就能从它的身上狠狠地捞上一笔。这样的生财之道不断地在人群中传播，最原始的热带雨林也就不断地被改造和包装，直到人们都忘了它原来的样子。

桉树危害雨林

　　为了多赚些钱，人们就开始将动植物十分丰富的热带雨林改造成单一的经济林，但是没多久问题就来了。物种丰富度下降了，生态系统的抵抗力与稳定性也跟着下降了，不能再像以前那样能轻易地抵御各种自然灾害。于是，各种病虫害大规模地暴发，导致很多植物物种死亡。植物死了，一些以这些植物为食的动物也因为吃不饱而大量死亡。热带雨林的动植物都在痛苦地哭泣……

一只小老虎的悲惨命运

2011 年，在印度尼西亚的热带雨林中，一只可怜的小老虎就死在了施工人员的面前。当施工人员接到老虎被困在人造陷阱的消息时，立即赶到了现场，可是这只小老虎已经被困了 7 天，尽管施工人员全力抢救，最终无济于事。可怜的小老虎，临死之前还能听到不远处轰隆隆的机器推倒大树的声音，看着原本漂亮的家园变得如此狼藉，想必内心一定无比痛苦。

西双版纳是个好例子

　　单一的经济林会给雨林带来严重的消极影响，但若直接禁止开发经济林又影响人们的收入，因此我们应该想一个两全其美的方法，既不给雨林带来很坏的影响，又能增加人们的收入。在这个问题上，云南省的西双版纳为我们提供了一个好榜样。西双版纳人利用光在树林中垂直衰减的原理，模拟雨林的结构，建立起了多层次的人工经济林。这种人工经济林可以算得上雨林生态农业，不仅能充分利用光照，达到一地多用的效果，增加经济收入，而且还能改善生态环境，几乎不会对雨林造成不良的影响。

请不要成为森林猎手

河流也会悲伤

在秘鲁北部有个名为伊基托斯的小城，小城里有一条名为纳那伊的河流，它是亚马孙河的支流。在印第安语中，"纳那伊"本身就是"悲伤"的意思，因此这条河也被当地人称为"悲伤之河"。据那里比较年长的人叙述，印第安人初来这个地方，这里鱼肥草美，到处都能看到欢快奔跑的动物，后来随着来这里的人越来越多，动物越来越少，河水也越来越混浊，到最后几乎都难以捕捉到鱼。看着河流慢慢变成这样，印第安人心里非常难过，由此便有了"悲伤之河"的名字。

"蝴蝶农场" 实为 "动物孤儿院"

沿着"悲伤之河"向上游逆行大概半小时的时间，你就能在潮湿的热带雨林中见到一个名为"蝴蝶农场"的大农场。单从名字上看，我们就知道这里原本要研究的应该是蝴蝶。可是现在的"蝴蝶农场"就像亚马逊的"动物孤儿院"一样，里面到处都是因成年动物被猎杀之后留下来的小动物。善良的农场主古德兰不忍心这些小动物就此被抛弃而死亡，因此就将它们收容到这里，悉心地照料。

动物孤儿院转变居民心态

刚刚建立这个"动物孤儿院"的时候，附近的居民对古德兰的举动表示不理解，不明白为什么她要白养这么多动物，而不是将它们吃掉？可是时间长了，这里的人每次来到古德兰的农场，都能感受到小动物们的可爱和亲切，尤其是这里的孩子们，只要有时间就会来这里帮助古德兰一起照料这些小家伙。慢慢地，当地人明白了古德兰的初衷，开始寻找其他的求生之道，逐渐放弃了猎杀动物。现在的"蝴蝶农场"几乎是真正的动物乐园，无论是人还是动物，都能从中享受到欢乐。

美丽的蝴蝶大棚

　　为了能够好好地照顾这些"孤儿"、"病儿"，古德兰真是费尽了心思。要知道照顾这么多动物，每个月的开销就是一笔不小的负担。这个"孤儿院"没有固定的资助，为了解决这个问题，她想到了一个好方法，就是在自己管理的这片土地上建立起一个"蝴蝶观赏棚"，以卖票的形式筹集资金。这里有数百只亚马孙河流域的珍稀蝴蝶，蹁跹（pián xiān）翻飞、五彩斑斓，还能观赏蝴蝶破茧的全过程。如果你愿意的话，还可以轻轻捧起一只幼蝶，感受它那丝绸般的触感。

后记

　　热带雨林是地球上最美丽的空间。世界上没有任何一个地方可以在同样大小的空间里容纳下如此繁多的动植物。热带雨林中的许多动植物还进化出了让人惊叹的生存本领。

　　为什么花朵中会散发出腐肉的恶臭？

　　怎样才能摆脱盘旋在头顶上的吸血蝙蝠的纠缠？

　　站在世界上最高的树梢顶端是否会让你骨软筋麻？

　　这本书主要介绍了热带雨林特有的生态圈和独特物种以及热带雨林面临的危机，并且简单介绍了雨林为什么会这样热。让你对热带雨林有更加深入的了解，并且激发出你对自然的热爱。

　　不要着急，现在我们就带你踏上匪夷所思的探险之路，替你拨开热带雨林中的重重迷雾，答案就在《雨林交响曲》。